3 天完成的
蕾丝钩编袜

[日] E&G 创意　编著

史海媛　韩慧英　译

化学工业出版社

·北京·

Lacy Socks

目录

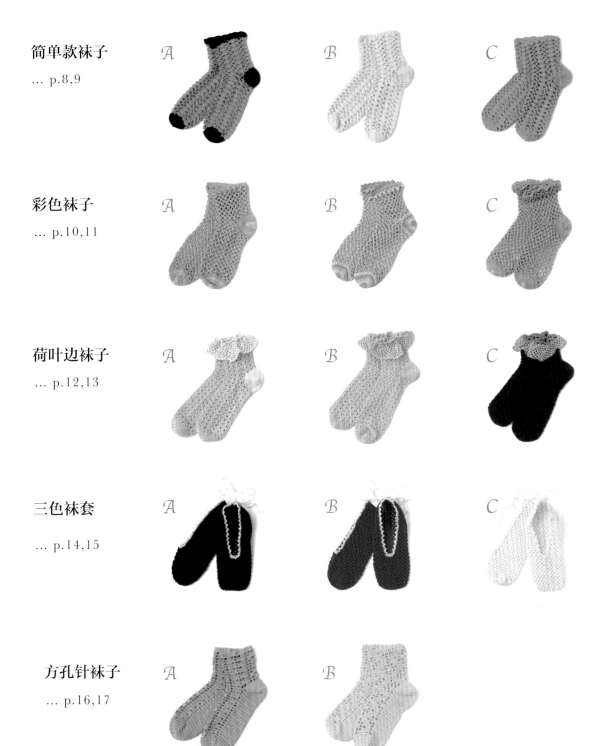

爱尔兰风格袜子  𝓐  𝓑  𝓒

装饰物袜子  𝓐  𝓑  𝓒

圆形贴花的袜套  𝓐  𝓑

阿伦花样风格袜子  𝓐  𝓑

绑带式袜套  𝓐  𝓑

中筒袜子  𝓐  𝓑

边饰·穗饰袜子  𝓐  𝓑  𝓒  𝓓

* 作为印刷刊物，线的颜色有时会与标注的色号存在些许差异。

* 重点教程中，为了方便识别理解，图片介绍中线的粗度及颜色等有所调整。

袜子的基本编织方法 ※以 p.8,9 简单款袜子为例说明（教程 p.36）。脚跟口的挑针方法参照各作品图。

1 从脚趾起针，按①（脚趾）、②（脚背和脚底）、③（脚踝周长）、④（脚跟）的顺序织。

① 编织脚趾部分

2 锁 18 针起针，长针织 4 行。

② 编织脚背和脚底并制作脚跟口

3 脚趾的第 4 行开始挑针 6 花纹，织 27 行花纹针成环状。

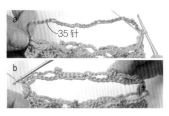

a　35 针

b

4 接脚背和脚底的第 27 行，锁 35 针起针，指定位置引拔（a），锁 5 针的环编和短针，锁 3 针的引拔凸编织回（b）。

脚跟口

5 脚跟口织完。

③ 织脚踝周长

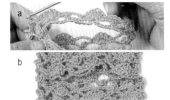

a

b

6 接脚跟口，织花纹针。a 为织完 1 行。接着，继续织花纹针（b）。

④ 织边缘针

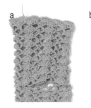

a　　　　b

7 从脚踝周长的第 15 行开始挑针 12 花纹，织 3 行边缘针（a）。织完（b）。

⑤ 织脚跟

8 入针于脚跟口的挑针位置的线环（●标记 参照 p.36），引拔织线，接线。

·第 1、2 行

9 第 1 行锁 5 针，第 2 行锁 3 针的线环，制作一周。

·第 3 行

10 从上一行的短针开始长针 1 针，从锁 3 针的线环开始长针 3 针挑起束紧，两侧（4 处）长针 2 针并 1 针，织 1 行。

·第 6 行

11 两侧减针，连续织 3 行。

12 织至脚跟。

全针圈卷针拼接订缝脚跟的编织末端 ※以 p.8,9 的简单款袜子为例说明。

1 对半折入脚跟，针穿入靠里内侧的端部针圈。

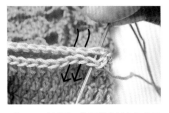

2 下个针圈开始同样将针穿入靠里内侧的针圈，逐针订缝。

3 订缝末端穿入织片反面，潜入织片。

4 订缝完成脚跟。

彩色袜子　A、B、C
配合线的替换方法
第 1 行的编织末端

作品 & 教程 _p.10,33
※A 色（粉色）·B 色（蓝色）·C 色（黄色）

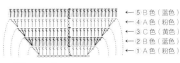

→5 B 色（蓝色）
←4 A 色（粉色）
→3 C 色（黄色）
←2 B 色（蓝色）
←1 A 色（粉色）

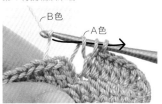

1 用 A 色（粉色）织第 1 行，编织末端织未完成的长针（参照 p.61）。A 色挂于针，B 色（蓝色）挂于针头。

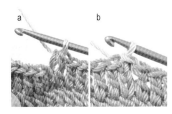

2 引拔 B 色（a），第 1 行的编织始端的立起锁 3 针侧引拔（b）。织线换成 B 色。

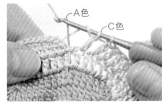

3 第 2 行用 B 色织，编织末端参照 1 及 2，织线替换成 C 色（黄色），用 C 色织第 3 行。编织末端织未完成的长针，C 色挂于针头，"钩起第 1 行的 A 色，挂于针头"。

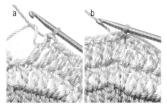

4 引拔 A 色（a），第 3 行的立起侧引拔（b）。织线替换成 A 色。

5 用 A 色织第 4 行，钩起第 2 行的 B 色，织线换成 B 色（参照 3 的" "内及 4）。按照 3~5 的要领，钩起配色线开始织。

6 从反面看。配色线钩起织完。

荷叶边袜子　A、B、C
作品 & 教程第 12、38 页

花纹针的织法
· 第 1 行的织法

←③
→②
←①

1 看着织片正面，用长针和锁针织 1 行花纹针，接着织第 2 行的立起锁 1 针。

· 第 2 行的编织始端及编织末端

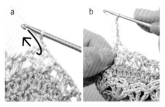

2 织片换面，看着反面，箭头位置（a）织短针，按记号图织。编织末端织锁 1 针，编织始端的短针侧织中长针，接着织第 3 行的立起锁 3 针（b）。

· 第 3 行的编织始端

3 接立起，锁针和长针的花纹编入第 2 行的锁 3 针的线环，制作一周。

4 重复织 2~3 行。

松紧线的穿入方法

1 取 25cm 左右松紧线穿入手缝针，潜入脚踝周长的最终行（第 14 行）。

2 松紧线两头打结，潜入衣片 2~3cm（a），绣回（b）。

三色袜套　A、B、C
脚跟的订缝方法

作品 & 教程 _p.14&p.40

→接线织

→脚底和侧面的第 29 行
※正面向内折入

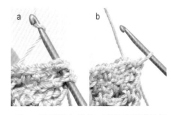

1 对半折入织片，穿针于第 29 行的短针头部，挂于针头（a），引拔后接线（n）。

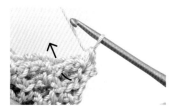

2 织 1 针短针。

3 参照 2 的箭头，线环侧织 1 针短针、2 针锁针（a）。接着"下个线环侧织 1 针锁针、2 针锁针。"

4 重复 3 " "内的操作，订缝末端织短针。线头潜入织片，剪掉多余的线。

方孔针袜子　B
长针5针的泡泡针的织法

作品＆教程_p.16,42,58

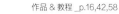

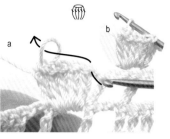

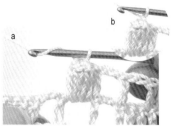

1 花纹针位置织入长针5针束紧（参照p.61）。

2 从针圈松开钩针（a）。入针于长针的第1针和松开钩针的针圈（b）。

3 按照2的箭头，引拔挂于钩针的针圈，挂线于针头（b）。引拔针头的线，织1针锁针（b）。长针5针的泡泡针完成。

4 接着，继续织花纹针。

爱尔兰风格袜子　B、C
叶子的编织方法

作品＆教程_p.19,44,59

· 第1行，上侧的织法

· 第1行，下侧的织法

· 第2行

1 织7针锁针（6针＋立起1针）。

2 挑起起针的里山（b），织6针短针（a）。

3 6针的锁针侧织入1针，起针的外侧半针（a的●标记）侧织5针短针（b）。

4 织片换面，看着反面，挑起外侧半针织。

· 第3行

装饰物的订缝方法

5 织片换面，看着正面，挑起外侧半针织。重复2~3行，织6行。

1 织2片叶子、3片果实。

2 订缝位置调整均匀，确定位置，用珠针预固定。

3 订缝2次2的●标记（a），线头潜入装饰的反面（b），剪断多余的线。

装饰物袜子　A、B、C

作品＆教程_p.20,46,59

花纹针的织法

· 第1行的编织末端

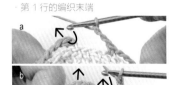

1 编织始端的短针侧织1针短针（a）。第2行在第1行的线环侧重复织"短针1针、锁针3针、短针1针"（b）。

2 从第3行开始，下一行的线环（参照1的箭头）保持平整，继续织成漩涡状。

装饰物袜子　B

作品＆教程_p.20,46,59

编织球的组合方法

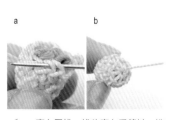

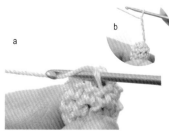

1 塞入同线，线头穿入手缝针，挑起内侧半针（a），收紧（b）。

2 钩针穿入内侧半针（a），织4至6针锁针。

阿伦花样风格袜子　A、B
花纹针的织法

作品 & 教程 _p.20,50

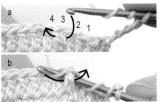
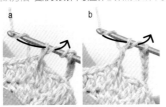
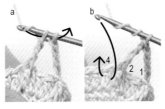

的编织方法　变形长长针下引上针2针和长长针下引上针2针的左上交叉

1 织至花纹针内侧的针圈（a）。挂线2次于针头，钩针穿入3针圈的底部，挂于针头（b）。

2 引拔1-b的针头的线，挂线于针头（a）。按照箭头引拔针头的线，挂线于针头（b）。

3 按照2-b的箭头，引拔针头的线，挂线于针头（a）。按照a的箭头，引拔针头的线。长长针下引上针完成（b）。挂线2次于针头，4的针圈侧同样织长长针下引上针。

4 挂线2次于针头。

的编织方法　*变形长长针下引上针3针和长长针下引上针3针的右上交叉

5 从3·4的长长针的下引上针的反面入针，1及2的针圈侧织长长针的下引上针。"变形长长针下引上针2针和长长针下引上针2针的左上交叉"完成。

6 织至花纹针内侧的针圈。

7 4·5·6的针圈侧依次织长长针下引上针。

8 从4·5·6的长长针下引上针的正面，在1·2·3的针圈侧织长长针下引上针。"变形长长针下引上针3针和长长针下引上针3针的右上交叉"完成。

的编织方法　*变形长长针下引上针2针和长长针下引上针2针的右上交叉

· 脚背第1行完成

9 织至花纹针内侧的针圈。

10 3·4的针圈侧依次织长长针下引上针。

11 从3·4的长长针下引上针的正面入针，1·2的针圈侧织长长针下引上针。"变形长长针下引上针2针和长长针下引上针2针的右上交叉"完成。

12 接着，织锁针1针、长针1针，脚背侧第1行的花纹针完成。

· 长针1针交叉的织法

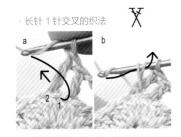

· 脚底侧第1行完成

13 花纹针A完成，2的针圈侧织长针。挂线于针头（a），从2的长针正面入针于1的针圈引拔，挂线于针头（b）。

14 按照13-的b的箭头，引拔针头的线，再次挂线于针头引拔，织长针。"长针1针交叉"完成。

15 脚底侧第1行的花纹针B完成。

16 脚背和脚底织完4行。

7

简单款袜子

教程 _p.36 基础教程 _p.4 设计&制作 _ 今村曜子

镂空针的清凉款袜子。
春夏必不可少的配饰！

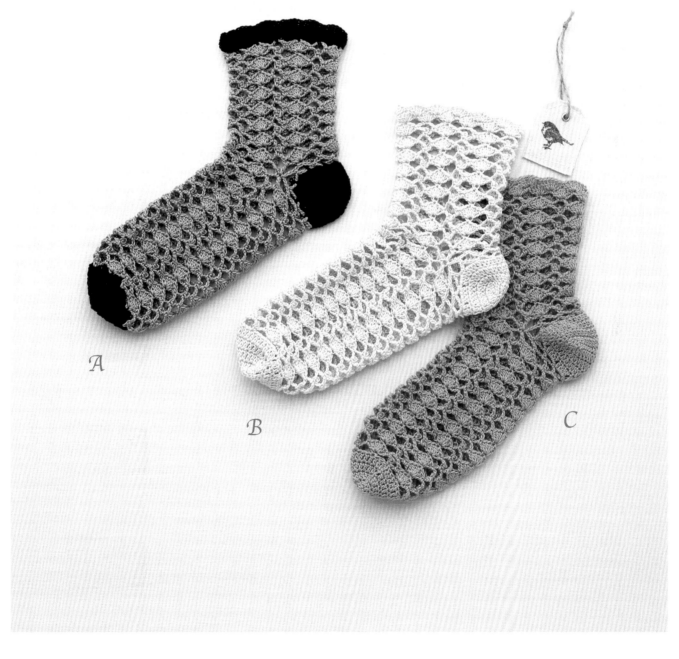

A

B

C

彩色袜子

教程 _p.33 重点教程 _p.5 设计 _ 冈 MARI 制作 _ 水野 顺

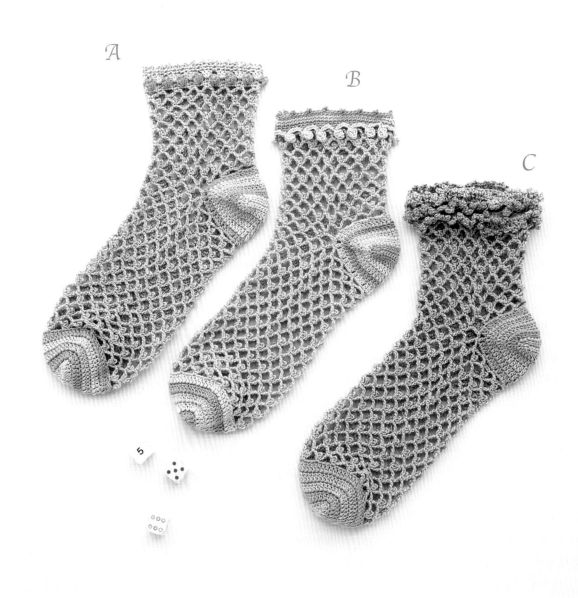

点心般多彩的直筒袜。
由各种边缘针构成，注重细节。

荷叶边袜子

教程 _p.38 重点教程 _p.5 设计_ 镰田惠美子 制作 _ 铃木利江

穿口摆动的荷叶边，是一款浪漫的袜子。
穿口加入松紧带，荷叶边形状自然。

三色袜套

教程 _p.40 重点教程 _p.5 设计&制作 _ 今村曜子

夏天常用的三色袜套。
凸编的边缘针和脚踝的蝴蝶结格外精致，也是很漂亮的家中装饰。

方孔针袜子

教程 _p.42,58 重点教程 _p.6 设计 _ 冈 MARI 制作 _ 水野 顺

自然的青草色和本色是早春配饰的主角。
谁都适合，也是不错的礼物。

爱尔兰风格袜子

教程 _p.44,59 重点教程 _p.6 设计＆制作 _ 河合真弓

各种款式的爱尔兰风袜子。
使用柔软的线，穿着舒服。

装饰物袜子

教程 _p.46,59 重点教 _p.6 设计&制 _ 柴田 淳

丝带、编织球、花朵贴花，让大家的视线集中在后部姿态。
使用伸缩性织片，穿着舒适。

圆形贴花的袜套

教程 _p.48 设计&制作 _ 柴田 淳

A

织 5 片圆形贴花,拼接而成的袜套。
简单的灰色 A 款,还有向日葵般配色的 B 款,自由挑选。

阿伦花样风格袜子

教程 _p.50 重点教程 _p.7 设计&制作 _ 河合真弓

A

B

精美扭花和镂空花纹，钩织成的阿伦花样袜子。
女孩穿上显得更活泼。

绑带式袜套

教程 _p.52 设计&制作 _ 柴田 淳

芭蕾舞鞋般的袜套。
满足家中的轻松生活。

中筒袜子

教程 _p.54 设计&制作 _ 今村曜子

各种镂空花纹构成的优雅高筒袜。
编织时需要一些耐心，但成品的效果令人心满意足。

边饰 · 穗饰袜子

教程 _p.56 重点教程 A,B_p.40 C,D_p.52 设计 _ 镰田惠美子 制作 _ 铃木利江

A B C D

穿口带有边饰或穗饰的可爱袜子。
最有趣的是考虑如何与本体搭配颜色。

1

2

3

4

5

6

7

8

1　*Olympus Emmy Grande<HOUSE>*
　　棉100%，25g 一卷，约74m，22色，钩针 3/0 至 4/0 号

2　*Olympus COTTON COURE*
　　棉（埃及棉）100%，40g 一卷，约170m，17色，钩针 3/0 至 4/0 号

3　*HAMANAKA FLAX C*
　　麻（亚麻）82%·棉18%，25g 一卷，约104m，17色，钩针 3/0 号

4　*HAMANAKA FLAX K*
　　麻（亚麻）78%·棉22%，25g 一卷，约62m，16色，钩针 5/0 号

5　*HAMANAKA WASH COTTON CROCHET*
　　棉64%·涤纶36%，25g 一卷，约104m，26色，钩针 3/0 号

6　*HAMANAKA APRICO*
　　棉（长纤维）100%，30g 一卷，约120m，27色，钩针 3/0 至 4/0 号

7　*DARUMA* 棉 & 麻
　　棉70%·麻（亚麻15%、混纺15%）30%，50g 一卷，约201m，16色，
钩针 3/0 至 4/0 号

8　*DARUMA* 花边线 #20
　　棉（精纺）100%，50g 一卷，约210m，18色，钩针 2/0 至 3/0 号

* 1~8 中内容从左至右分别为，
　材质→规格→线长→色数→适合针。

* 印刷刊物，可能与实物存在色差。

彩色袜子

作品 …A，B_p.10,11 C_p.10 重点教程 _p.5

❋ 准备物品

[线（通用）] HAMANAKA APRICO

A 浅粉色（4）…38g，浅橙色（2）·浅紫色（10）…各10g

B 浅黄色（16）…38g，水蓝色（12）…10g，粉色（5）…9g

C 紫色（9）…42g，浅绿色（11）…14g，黄绿色（14）…12g

[针（通用）] 钩针 3/0 号

[密度（通用）]
长针 10cm 见方 /30针·12行
花纹针 /7.5线绊·15行

❋ 成品尺寸

A 脚踝周长 21cm，穿口长 14.5cm，脚底长 23cm

B，C 脚踝周长 21cm，穿口长 14cm，脚底长 23cm

❋ 织法（边缘针以外通用）

1 织脚趾：锁 14 针起针，两侧加针，织 5 行长针的条状花纹。配色线的替换方法参照 p.5。

2 织脚背和脚底：脚趾开始挑针 15 线绊，织 23 行花纹针。第 23 行的脚底侧的 7 线绊织锁 3 针。

3 织脚跟：脚背和脚底的第 23 行接线，锁 29 针起针，指定位置引拔。

4 织脚踝周长：脚跟口的锁针侧接线，织 11 行花纹针，第 12 行织锁 3 针的线绊。

5 织边缘针：A 按 p.34 的记号图织，B·C 按 p.35 的记号图织。

6 织脚跟：从脚跟口挑针 58 针，长针的条状花纹减针织 5 行。

7 订缝脚跟：全针圈卷针拼接，各订缝 1 针（参照 p.4）

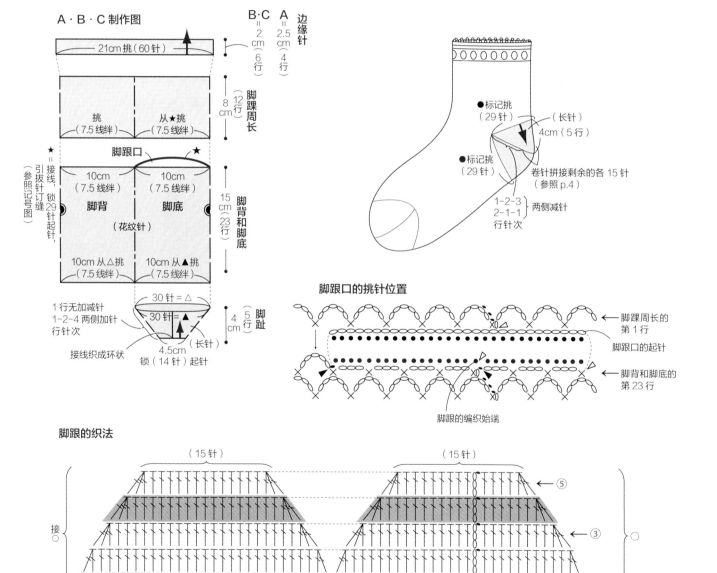

接 p.34 及 p.35

33

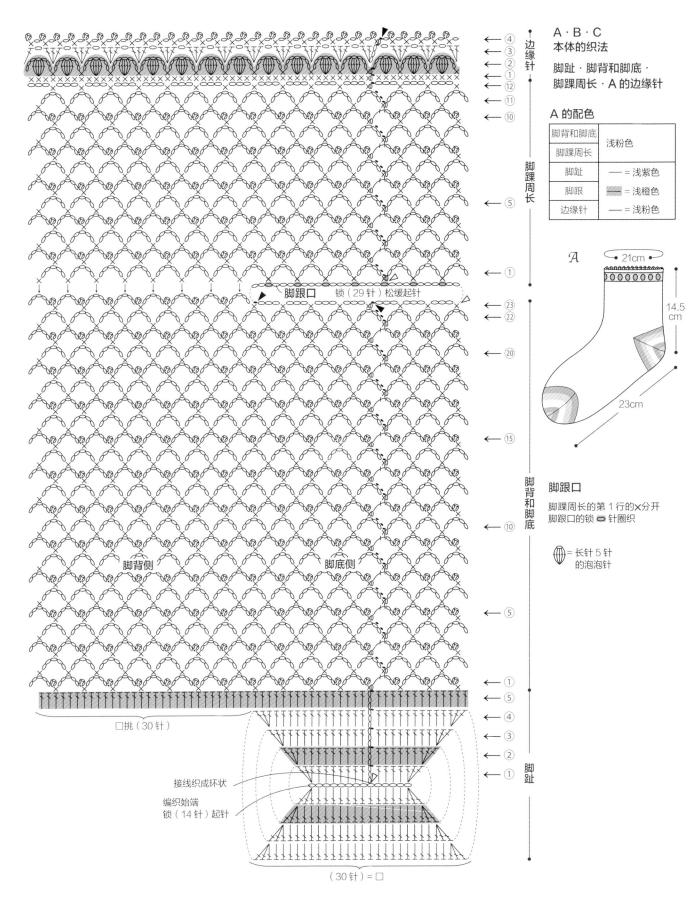

← ④ ⎫
← ③ ⎬ 边缘针
← ② ⎪
← ① ⎭
← ⑫
← ⑪
← ⑩

← ⑤ 脚踝周长

← ①
脚跟口 锁（29针）松缓起针
← ㉓
← ㉒

← ⑳

← ⑮ 脚背和脚底

← ⑩

脚背侧   脚底侧

← ⑤

← ①
← ⑤
← ④
← ③
← ② 脚趾
← ①

□挑（30针）

接线织成环状
编织始端
锁（14针）起针

（30针）=□

A·B·C
本体的织法
脚趾·脚背和脚底·
脚踝周长·A 的边缘针

A 的配色

脚背和脚底	浅粉色
脚踝周长	
脚趾	── = 浅紫色
脚跟	▨ = 浅橙色
边缘针	── = 浅粉色

𝒜   • 21cm •
                              14.5
                              cm
              23cm

脚跟口
脚踝周长的第 1 行的×分开
脚跟口的锁 ⬭ 针圈织

⬭ = 长针 5 针
     的泡泡针

B
边缘针的织法

A 的配色

脚背和脚底·脚跟周长	浅黄色		
脚趾·脚跟·边缘针	—— = 粉色	▨ = 水蓝色	—— = 浅黄色

边饰的织法

织于第1行剩余的半针（◂─ 标记）

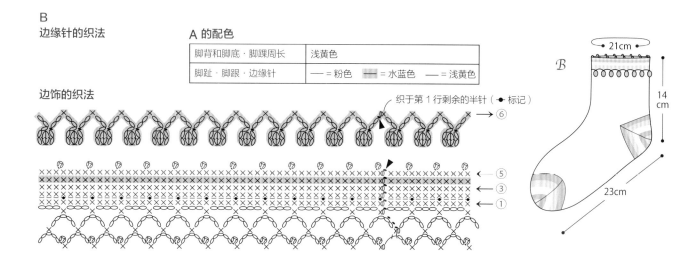

C
边缘针的织法

⊠ = 短针的扭针

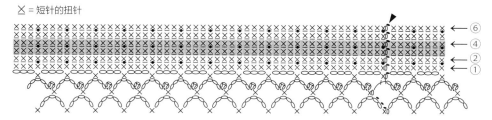

C 的配色

脚背和脚底	紫色	
脚跟周长	紫色	
脚趾	—— = 浅绿色	
脚跟	▨ = 黄绿色	
边缘针	—— = 紫色	
荷叶边 a	浅绿色	
荷叶边 b	黄绿色	
荷叶边 c	紫色	

荷叶边的织法　※ 按 a → b → c 的顺序织接

荷叶边 a 边缘针第 1 行的
荷叶边 b 边缘针第 3 行的　剩余的半针（◂─ 标记）挑起织短针
荷叶边 c 边缘针第 5 行的

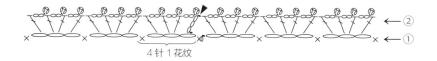

4 针 1 花纹

荷叶边 A 的织法

1 穿口朝向内侧拿起织片，看向织片正面，第 1 行剩余的半针侧重复织短针 1 针、锁 3 针。

2 第 1 行的锁 3 针的线绊侧束状织长针 1 针、锁 3 针的引拔凸编、锁 2 针的花纹针。

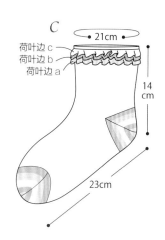

简单款袜子

作品 _A,B/p.9 C/p.8,9 基础教程 _p.4

❉ **准备物品**

[线（通用）] HAMANAKA APRICO
A 灰色（23）…45g，黑色（24）…
各13g
B 白色（1）…58g
C 浅橙色（2）…58g
[针（通用）] 钩针 3/0 号

[密度（通用）]
长针 10cm 见方 /30 针·13 行
花纹针 /25 针（3 花纹）·17.5 行

❉ **成品尺寸**
脚踝周长 22cm，穿口长 14cm，脚底
长 22.5cm

❉ **织法（边缘针以外通用）**

1 织脚趾：锁18针起针，两侧加针，织4行长针。
2 织脚背和脚底：脚趾开始挑针6花纹，织27行花纹针。
3 制作脚跟口：脚背和脚底的第27行接线，锁35针起针，指定位置引拔，织1行环编，织回（参照 p.4）。
4 织脚踝周长：脚跟口的环编侧接线，织16行花纹针。
5 织边缘针：参照记号图，织2行。
6 织脚跟，订缝编织末端：从脚跟口开始第1行锁5针的线绊挑针，第2行锁锁3针的线绊。第3行从第2行的线绊挑针长针束紧，第6行之前4个位置减针织。编织末端全针圈卷针订缝（参照 p.4）。

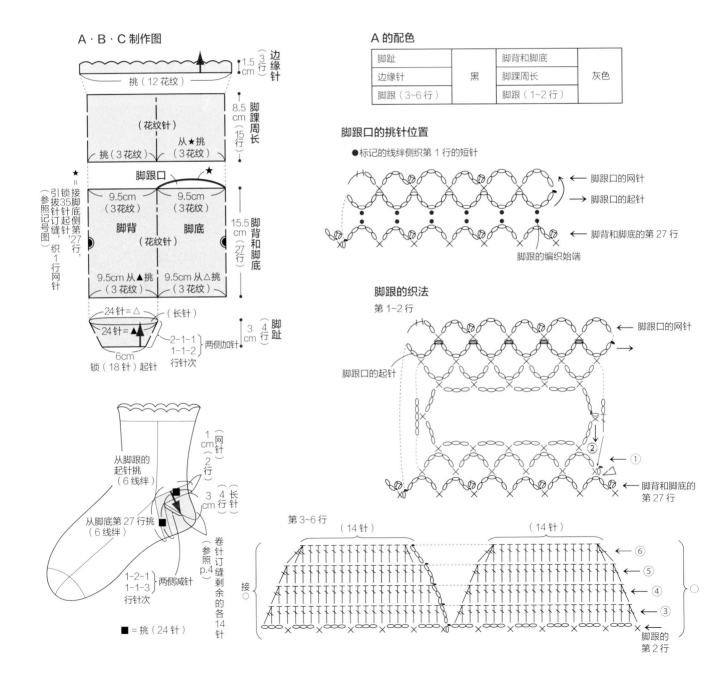

A · B · C 制作图

A 的配色

脚趾		脚背和脚底	
边缘针	黑	脚踝周长	灰色
脚跟（3~6 行）		脚跟（1~2 行）	

脚跟口的挑针位置

●标记的线绊侧织第 1 行的短针

脚跟的织法

第 1~2 行

第 3~6 行

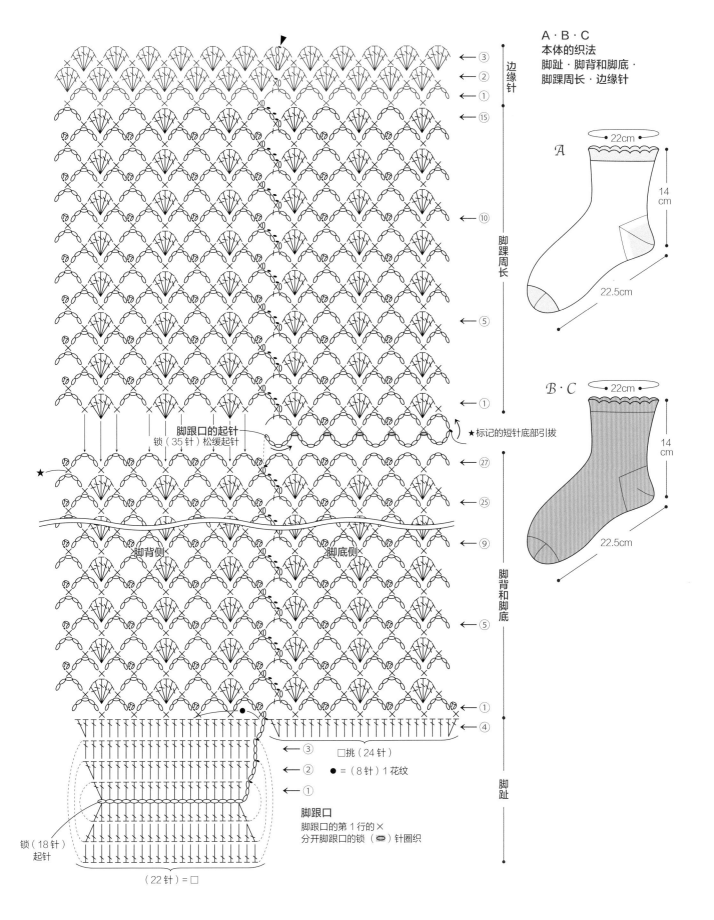

A・B・C
本体的织法
脚趾・脚背和脚底・
脚踝周长・边缘针

边缘针

← ③
← ②
← ①
← ⑮

脚踝周长

← ⑩
← ⑤
← ①

脚跟口的起针
锁（35针）松缓起针

★标记的短针底部引拔

← ㉗
← ㉕
← ⑨

脚背侧
脚底侧

脚背和脚底

← ⑤
← ①
← ④

□挑（24针）
● =（8针）1花纹

脚趾

← ③
← ②
← ①

脚跟口
脚跟口的第 1 行的×
分开脚跟口的锁（◠）针圈织

锁（18针）
起针

（22针）=□

A
22cm
14 cm
22.5cm

B・C
22cm
14 cm
22.5cm

37

荷叶边袜子

作品 _A/p.12,13 B,C/p.13 重点教程 _p.5

❋ 准备物品

[线（通用）] HAMANAKA
WASH COTTON CROCHET
A 米色（117）…54g，本色（102）
…22g
B 浅黄色（129）…76g
C 深蓝色（127）…62g，浅紫色（123）
…10g，紫色（111）…4g

[其他材料（通用）]
松紧线…25cm（1只量）
[针（通用）] 钩针3/0号
[密度（通用）]
长针10cm见方/29.5针·15行
花纹针/29.5针·18.5行

※ 成品尺寸
脚踝周长15cm（穿入松紧线状态），
穿口长13cm，脚底长22.5cm

❋ 织法（通用）

1 织脚趾：锁18针起针，两侧加针，织5行长针。
2 织脚背和脚底：脚趾开始挑针14花纹，织28行花纹针（参照p.5）。
3 织脚跟：脚背和脚底（底侧）的第28行接线，锁25针起针，指定位置引拔。
4 织脚踝周长：脚底侧从脚跟口的锁针（★）和右侧1针•左侧2针挑起7花纹，脚背侧从脚背和脚底的第28行挑起7花纹，织14行花纹针。
5 织荷叶边：荷叶边A接脚踝周长的第14行织2行，荷叶边B将脚踝侧朝向内侧拿起，从第14行挑针织9行。
6 织脚跟，订缝编织末端：从脚跟口开始挑针52针，两侧减针，织6行长针。编织末端全针圈卷针拼接，各订缝1针（参照p.4）。
7 成品处理：脚踝周长的第14行穿入松紧线（参照p.5）。

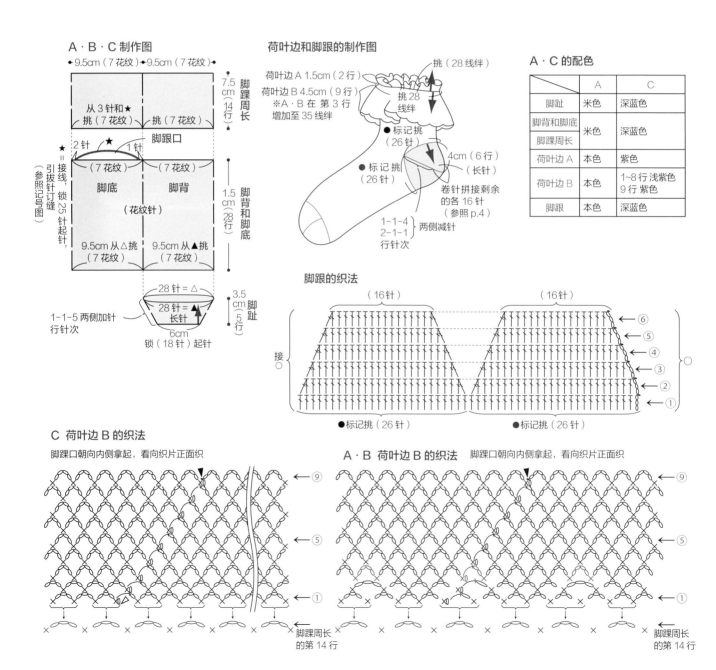

A·B·C 制作图

荷叶边和脚跟的制作图

A·C 的配色

	A	C
脚趾	米色	深蓝色
脚背和脚底 脚踝周长	米色	深蓝色
荷叶边A	本色	紫色
荷叶边B	本色	1~8行 浅紫色 9行 紫色
脚跟	本色	深蓝色

脚跟的织法

C 荷叶边B的织法

脚跟口朝向内侧拿起，看向织片正面织

A·B 荷叶边B的织法

脚跟口朝向内侧拿起，看向织片正面织

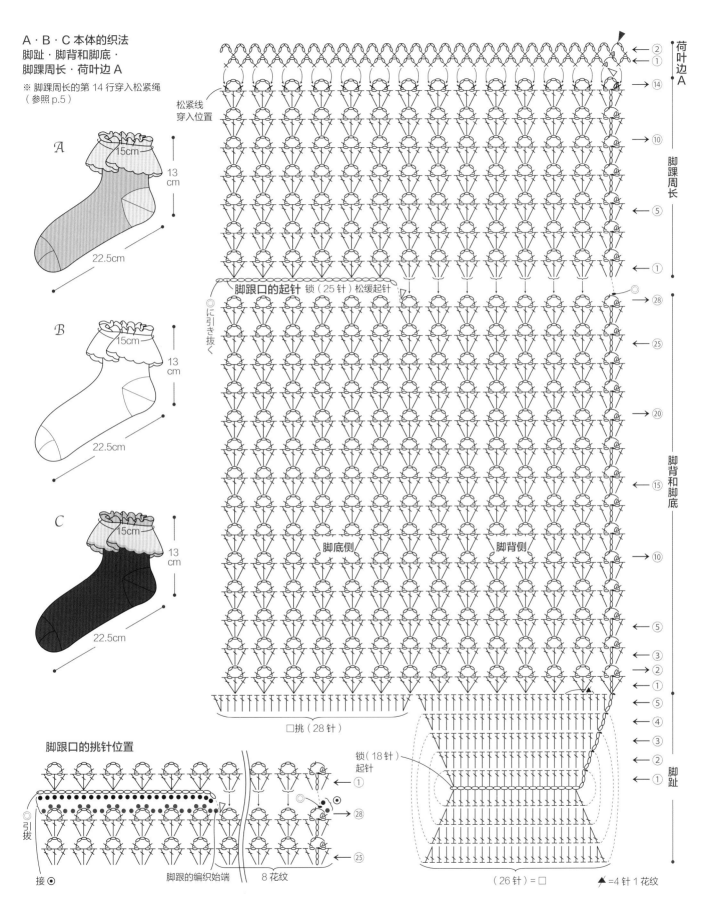

A・B・C 本体的织法
脚趾・脚背和脚底・
脚踝周长・荷叶边 A

※ 脚踝周长的第 14 行穿入松紧绳
（参照 p.5）

松紧线
穿入位置

荷叶边 A

脚踝周长

脚背和脚底

脚趾

脚跟口的起针 锁（25 针）松缓起针

に引き抜く

脚底侧

脚背侧

锁（18 针）
起针

□挑（28 针）

（26 针）＝□

▲＝4 针 1 花纹

脚跟口的挑针位置

引拔

接⊙

脚跟的编织始端

8 花纹

A 15cm 13cm 22.5cm

B 15cm 13cm 22.5cm

C 15cm 13cm 22.5cm

三色袜套

作品 _A,C/p.15 B/p.14,15 重点教程 _p.5

※ **准备物品**

[线（通用）] Olympus Emmy Grande<HOUSE>

A 深蓝色（H19）…42g，白色（H1）
…6g

B 红色（H17）…42g，白色（H1）
…6g

C 白色（H1）…48g

[针（通用）] 钩针 2/0 号

[密度（通用）]
长针 10cm 见方 /10 线绊·21 行

※ **成品尺寸**
脚跟 8.8cm，脚底长 22cm

※ **织法（通用）**

1　织脚趾至脚背和脚底：锁 15 针起针，两侧加针，织 2 行长针，整体加至 18 线绊。接着，织花纹针至第 17 行。

2　织脚底和侧面：第 1 行在指定位置接线，中心 2 线绊锁 2 针，16 线绊锁 3 针。第 2 行至第 29 行往返针织 16 线绊。

3　订缝脚底：正面对合织片，参照 p.5，短针和锁针订缝。

4　织边缘针：指定位置接线，穿口织短针和锁 3 针的引拔凸编，编织末端开始编出锁 6 针的线绊，引拔针固定。

5　织绳带：绳带织 200 针（60cm）锁针，穿入线绊，在编织始端和编织末端的前端打结。

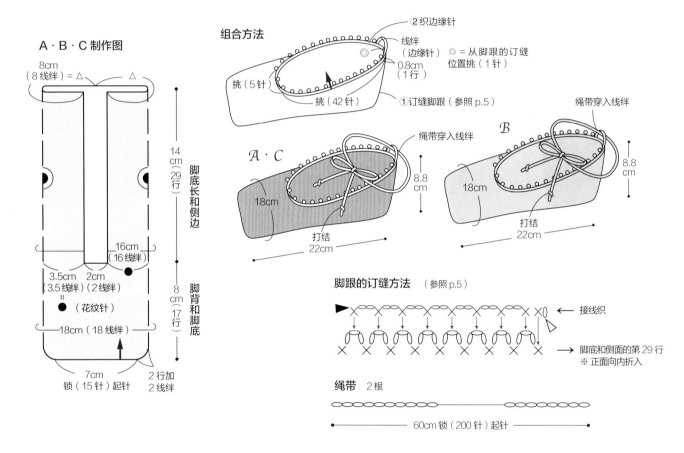

A·B·C 制作图

8cm
（8 线绊）= △

14cm（29 行）脚底长和侧边

16cm（16 线绊）

3.5cm（3.5 线绊）　2cm（2 线绊）

（花纹针）

18cm（18 线绊）

8cm（17 行）脚背和脚底

7cm 锁（15 针）起针

2 行加 2 线绊

组合方法

②织边缘针

线绊（边缘针）

◎ = 从脚跟的订缝位置挑（1 针）

0.8cm（1 行）

挑（5 针）

挑（42 针）

①订缝脚跟（参照 p.5）

A·C　18cm　8.8cm　绳带穿入线绊　打结　22cm

B　18cm　8.8cm　绳带穿入线绊　打结　22cm

脚跟的订缝方法　（参照 p.5）

接线织

脚底和侧面的第 29 行
※ 正面向内折入

绳带　2 根

60cm 锁（200 针）起针

穗饰袜子 A，B
作品&教程 _p.30&p.56

穗饰的接法

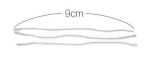

9cm

1　准备 3 根剪成 9cm 长度的线。

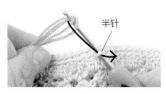

半针

2　入针于边缘针的长针的内侧，对半折入挂线于针头。

3　按 2 的箭头，引出线环，挂线头于针头。

4　按 3 的箭头，引出线头，打结后剪整齐。

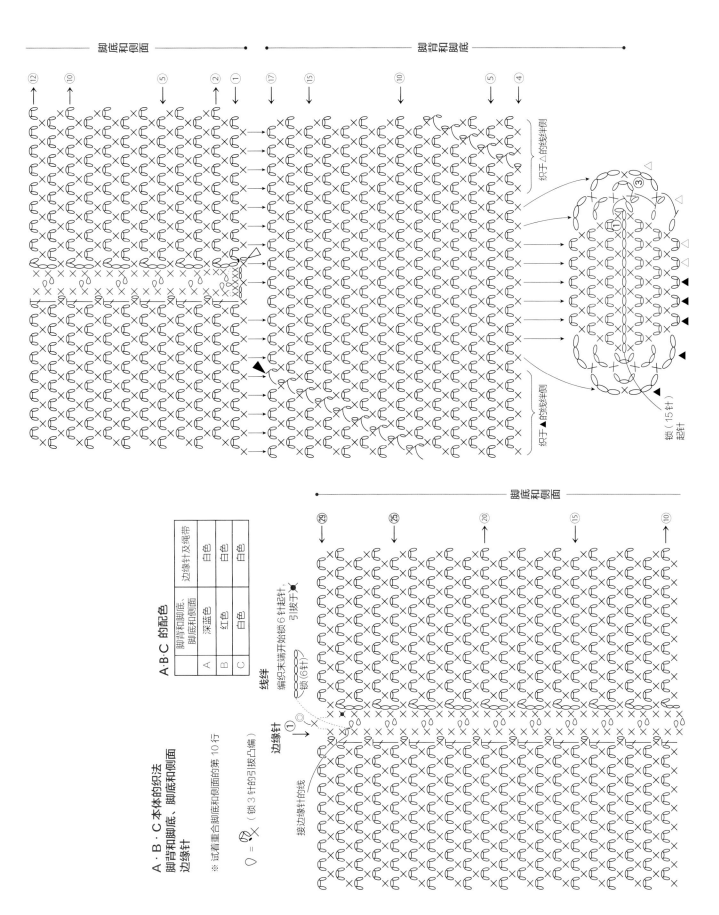

脚底和侧面

脚背和脚底

⑫ ⑩ ⑤ ② ①

⑰ ⑮ ⑩ ⑤ ④

织子△的线半侧

织子▲的线半侧

锁（15针）
起针

脚底和侧面

㉙ ㉕ ⑳ ⑮ ⑩

	脚背和脚底、脚底和侧面	边缘针及绳带
A	深蓝色	白色
B	红色	白色
C	白色	白色

A·B·C 的配色

线绊

编织末端开始锁6针起针，
引拔于❉

锁（6针）

边缘针
①→

接边缘针的线

A·B·C本体的织法
脚背和脚底、脚底和侧面
边缘针

※ 试着重合脚底和侧面的第10行

◯＝ ❨ （锁3针的引拔凸编）

方孔针袜子

作品 _A/p.16 B/p.16,17 重点教程 _p.6

❈ 准备物品
[线（通用）] Olympus COTTON
COURE
A 草绿色（4）…64g
B 本色（13）…64g

[针（通用）] 钩针 3/0 号
[密度（通用）]
长针・方孔针 10cm 见方 /
31.5 针・12.5 行
❈ 成品尺寸
A 脚踝周长 19cm，穿口长
14.5cm，脚底长 23cm
B 脚踝周长 19cm，穿口长
15.7cm，脚底长 22.5cm

❈ 织法（B 的本体织法参照 p.58）
1 织脚趾：锁 14 针起针，断线。重新接线，两侧加针，织 5 行长针。
2 织脚背和脚底：脚底长针（28 针），脚背方孔针（32 针），织往返针。
　A 织 19 行，B 织 18 行。
3 制作脚跟口：脚背和脚底的最终行，锁 28 针起针引拔。
4 织脚踝周长：从脚背和脚跟口挑 60 针，A 织 11 行方孔针，B 织 13 行方孔针。
5 织边缘针：A 织 4 行，B 织 3 行。
6 织脚跟，订缝编织末端：从脚跟口挑 56 针，两侧减针织 5 行。
7 订缝脚跟：全针圈卷针拼接，各订缝 1 针（参照 p.4）。

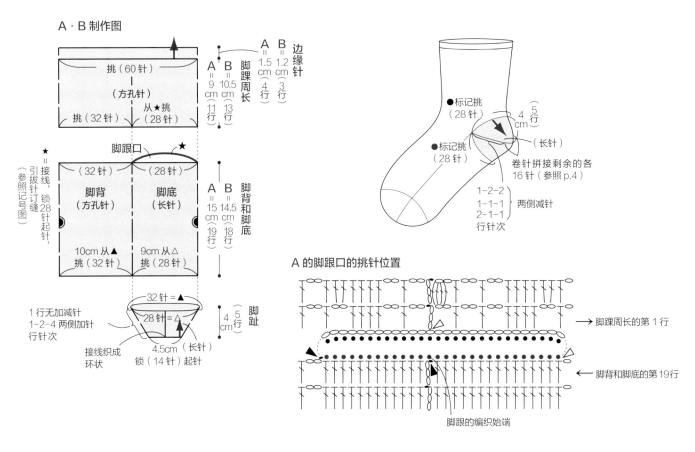

A・B 制作图

A 的脚跟口的挑针位置

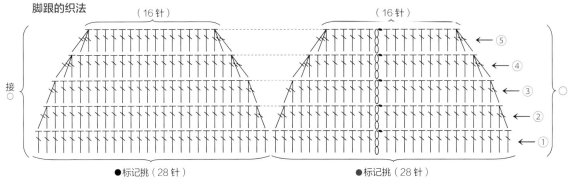

脚跟的织法

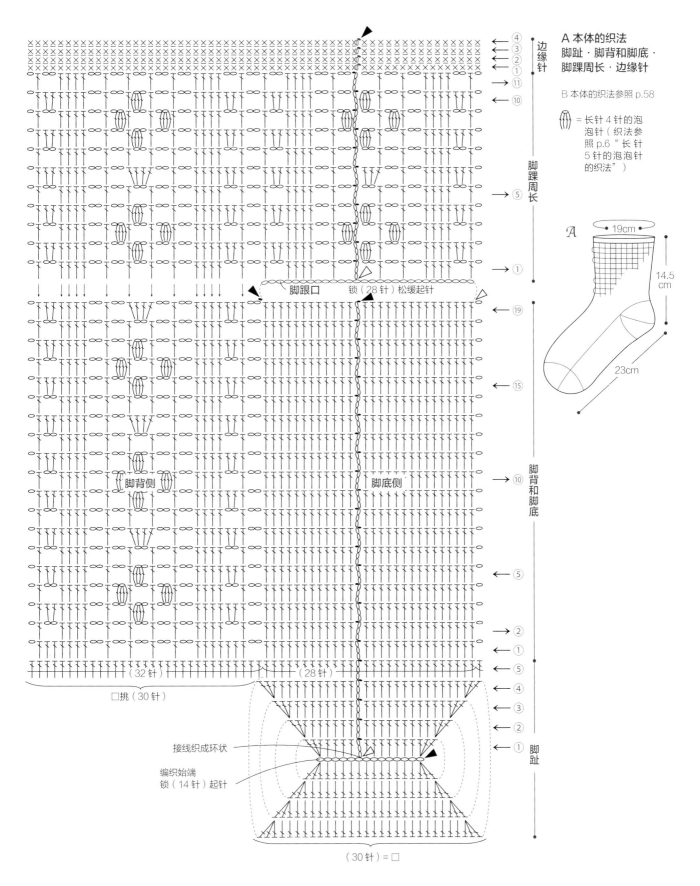

A 本体的织法
脚趾·脚背和脚底·
脚踝周长·边缘针

B 本体的织法参照 p.58

= 长针 4 针的泡
泡针（织法参
照 p.6 "长针
5 针的泡泡针
的织法"）

边缘针

脚踝周长

脚背和脚底

脚趾

锁（28 针）松缓起针

脚跟口

脚背侧

脚底侧

接线织成环状

编织始端
锁（14 针）起针

（32 针）

（28 针）

□挑（30 针）

（30 针）= □

19cm

14.5 cm

23cm

爱尔兰风格袜子

作品 _A,B/p.19 C/p.18,19 重点教程 _p.6

※ 准备物品

[线（通用）] DARUMA 棉 & 麻
A 米色（12）…48g
B 灰色（7）…50g
C 水蓝色（13）…52g

[针（通用）] 钩针 3/0 号
[密度（通用）]
长针 10cm 见方 /27 针・10 行
网针 /9 线绊・17 行

※ 成品尺寸
脚踝周长 21cm，穿口长 17.5cm，脚底长 23cm

※ 织法（通用）

1　织脚趾：锁 11 针起针，两侧加针，织 4 行长针。

2　织脚背和脚底：脚趾开始挑针 18 线绊，织 25 行网针。

3　织脚跟：脚背和脚底的第 26 行接线，锁 29 针起针，指定位置引拨后断线。

4　织脚踝周长：指定位置接线，从脚背和脚底的脚背侧和脚跟口的锁 28 针开始，分别挑 9 个线绊，织 20 行网针。

5　织边缘针：接脚踝周长的第 20 行，织 1 行边缘针。

6　织脚趾，订缝编织末端：从脚跟口挑针 56 针长针，两侧减针，织 4 行长针。编织末端全针圈卷针拼接，各订缝 1 针（参照 p.4）。

7　成品处理：织爱尔兰贴花（参照 p.59），整齐布置，为了防止本体伸缩，订缝接合于几处（参照 p.6）。

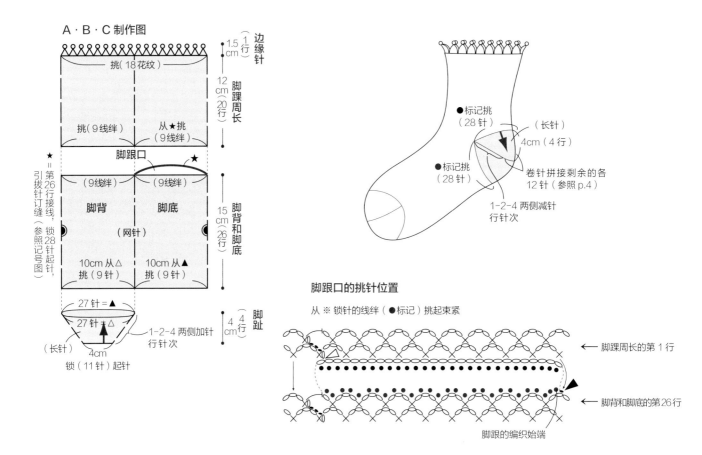

A・B・C 制作图

脚跟口的挑针位置

从 ※ 锁针的线绊（●标记）挑起束紧

脚踝周长的第 1 行

脚背和脚底的第 26 行

脚跟的编织始端

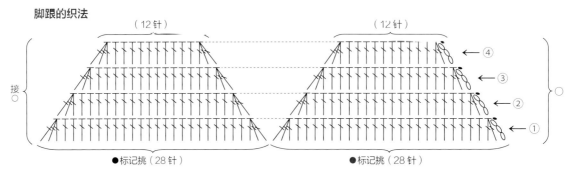

脚跟的织法

●标记挑（28 针）　　●标记挑（28 针）

A·B·C 本体的织法
脚趾·脚背和脚底·脚踝周长·边缘针

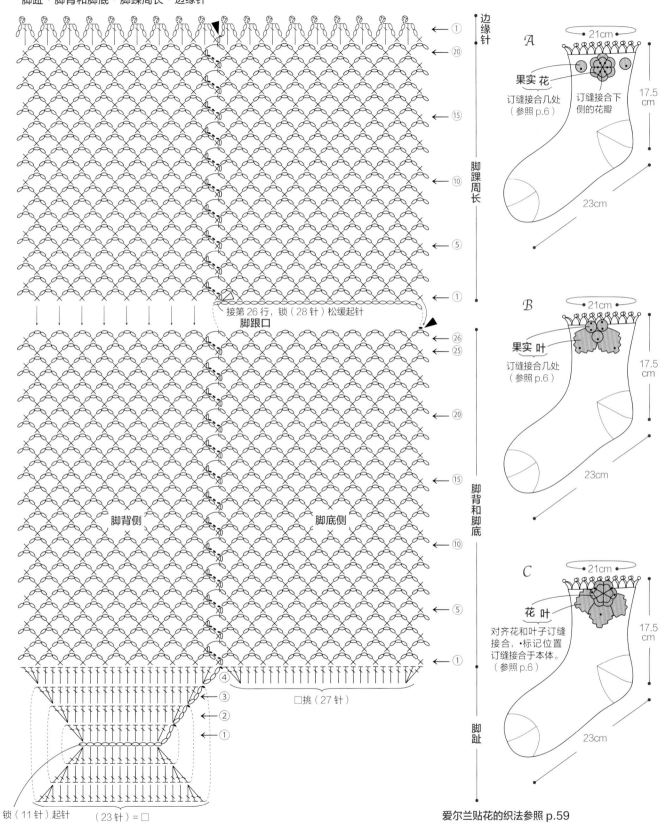

边缘针

脚踝周长

接第26行，锁（28针）松缓起针
脚跟口

脚背和脚底

脚背侧　　脚底侧

□挑（27针）

④
③
②
①

锁（11针）起针　　（23针）=□

脚趾

A

• 21cm •

果实 花

订缝接合几处
（参照 p.6）

订缝接合下
侧的花瓣

17.5
cm

23cm

B

• 21cm •

果实 叶

订缝接合几处
（参照 p.6）

17.5
cm

23cm

C

• 21cm •

花 叶

对齐花和叶子订缝
接合，•标记位置
订缝接合于本体。
（参照 p.6）

17.5
cm

23cm

爱尔兰贴花的织法参照 p.59

45

装饰物袜子

作品 _A/p.20,21 B,C/p.21 重点教程 _p.6

❈ 准备物品

[线（通用）] Olympus Emmy Grande
<HOUSE>

A 浅紫色（H6）…84g，本色（H2）
…4g

B 绿色（H12）…84g，黄色（H8）·黄
绿色（H••）·褐色（H18）·各少量

C 米色（H3）…88g

[针（通用）] 钩针 3/0 号

[密度（通用）]

长针 10cm 见方 /24 针·10 行
花纹针 /24 针（8 花纹）·21 行

❈ 成品尺寸

脚踝周长 20cm，穿口长
14.8cm，脚底长 23.5cm

❈ 织法（通用）

1 织脚趾：锁 15 针起针，两侧加针，织 5 行长针。

2 织脚背和脚底：脚趾开始挑针 16 花纹，不加面差织 28 行花纹针成螺旋状。

3 制作脚跟口（织脚跟口的 1 行）：脚背和脚底的第 28 行接线，锁 31 针起针，接◉织 8 花纹。

4 织脚踝周长：从脚跟口第 1 行的锁 31 针和 8 花纹开始挑 16 花纹，织 18 行。

5 织边缘针：接脚踝周长的第 18 行，织 1 行边缘针。

6 织脚跟，订缝：从脚跟口的锁针、脚背和脚底的第 28 行，挑 52 针长针束紧，两侧减针织 5 行。编织末端全针圈卷针拼接，各订缝 1 针（参照 p.4）。

7 织装饰物：A/ 织 2 条丝带，穿入脚踝周长的第 18 行打结。B/ 分别制作 2 个编织球 a·b·c，订缝接合于后中心（参照 p.59）。C/ 织 2 片贴花，订缝接合于后中心（参照 p.59）。

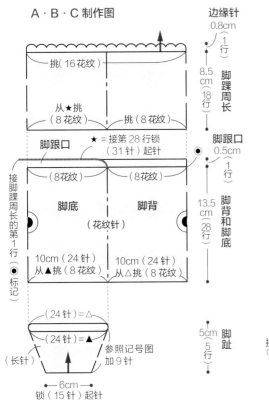

A·B·C 制作图

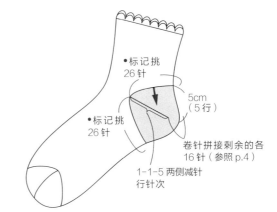

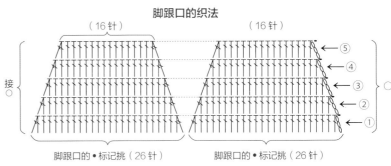

脚跟口的织法

脚踝周长的第 1 行 ✕ = 锁针挑起针束紧短针

脚跟的第 1 行 •••‿ = 短针之间挑 3 针织长针

脚跟口的挑针位置

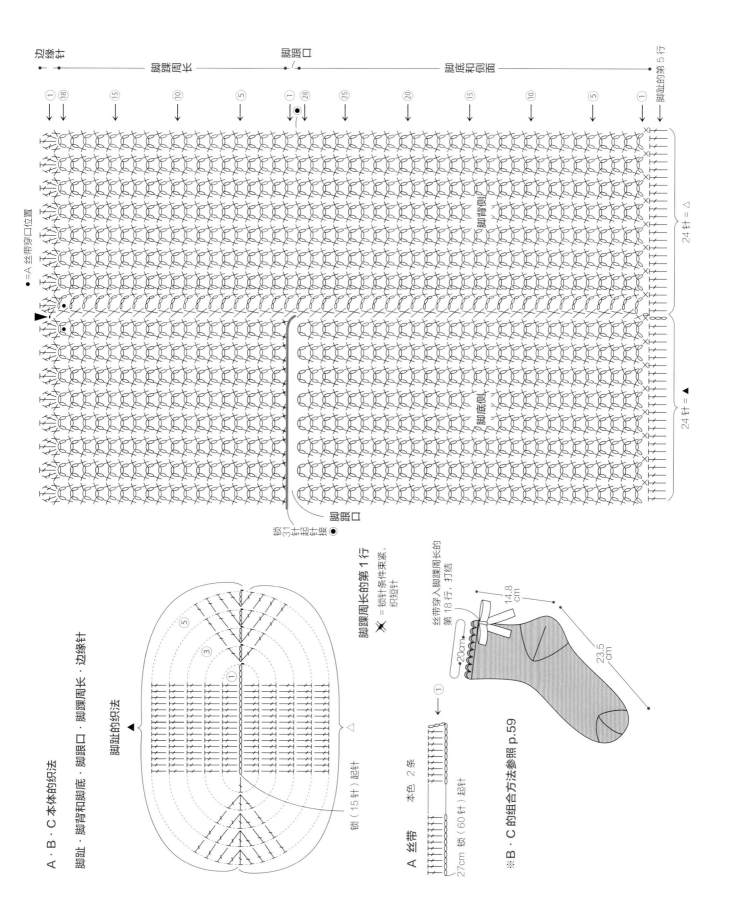

边缘针

脚踝周长

脚跟口

脚底和侧面

脚趾的第 5 行

● = A 丝带穿口位置

脚背侧

脚底侧

24 针 = △

24 针 = ▲

锁 31 针起针接●

脚跟口

A · B · C 本体的织法

脚趾 · 脚背和脚底 · 脚跟口 · 脚踝周长 · 边缘针

脚趾的织法 ▲

锁（15 针）起针

脚踝周长的第 1 行

✕ = 锁针条件束系，织短针

A 丝带 本色 2 条

27cm 锁（60 针）起针

※B · C 的组合方法参照 p.59

丝带穿入脚踝周长的第 18 行，打结

14.8 cm

20cm

23.5 cm

圆形贴花的袜套

作品 _A/p.20,21 B,C/p.21 重点教程 _p.6

❈ **准备物品**

[线（通用）] DARUMA
花边线 #20
A 灰色（13）…29g
B 本色（2）…16g，黄色（12）…
11g，卡其色（11）…3g

[针（通用）] 钩针 3/0 号

[密度（通用）]
贴花 / 直径 10cm

❈ **成品尺寸（通用）**
脚跟长 5cm，脚底长 20cm

❈ **织法（通用）**

1 织贴花：线环的起针开始织，第 1 行织锁 5 针的线绊，2~7 行织锁 3 针的环编。
2 织接贴花：第 2 片开始参照图片，按①~⑤的顺序织接。贴花⑤（脚背）反面向内重合织接于贴花④（脚底）。
3 织绳带：2 根线一组，织 150 针锁针。
4 完成：绳带穿入穿口和脚跟，绳带前端打结。

贴花的织法 （10 片）

A ——·——·—— = 灰色

B —— = 卡其色 ━━ = 黄色 —— = 本色

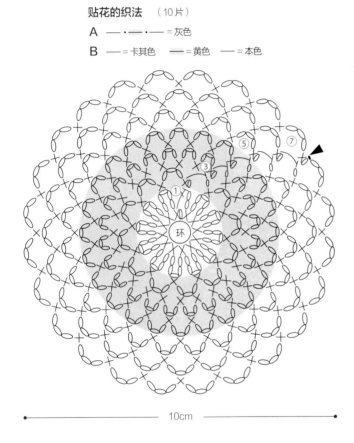

环

— 10cm —

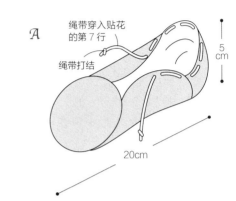

𝒜

绳带穿入贴花的第 7 行

绳带打结

5 cm

20cm

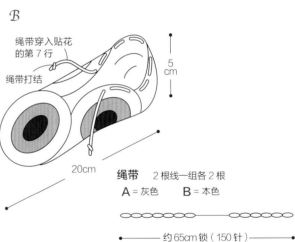

ℬ

绳带穿入贴花的第 7 行

绳带打结

5 cm

20cm

绳带 2 根线一组各 2 根

A = 灰色　　B = 本色

— 约 65cm 锁（150 针）—

圆形贴花的织接方法

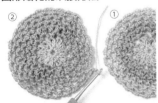

*贴合挑起束紧，引拔针织接

a

贴花② → 贴花①

1 贴合②织至贴花①的织接位置，织 1 针锁针。

2 入针于贴花①的线绊，挂线于针尖（a）。引拔针尖的线。

3 接着，锁 1 针，贴花②侧织 1 针锁针，织回。1 线绊织接完成。

4 贴花②织接 4 线绊于贴花①，编织末端的线绊引拔于编织始端。

贴花的织接图 （从底侧看的图）

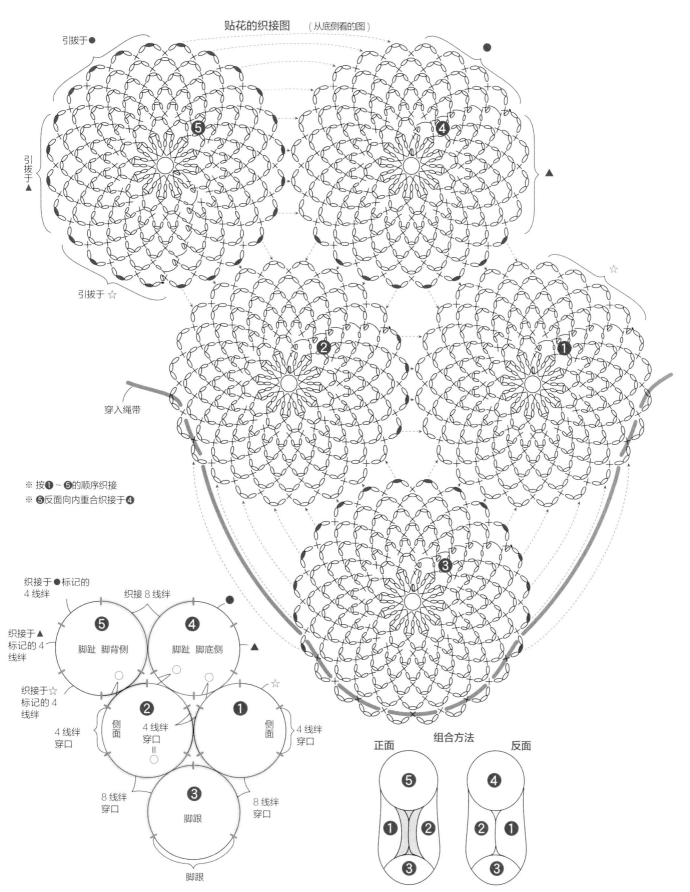

引拔于●

引拔于▲

引拔于☆

穿入绳带

※ 按❶ ~ ❺的顺序织接
※ ❺反面向内重合织接于❹

●

▲

☆

❺

❹

❷

❶

❸

织接于●标记的
4 线绊

织接 8 线绊

织接于▲
标记的 4
线绊

织接于☆
标记的 4
线绊

❺
脚趾 脚背侧

❹
脚趾 脚底侧

●

▲

☆

4 线绊
穿口

❷
4 线绊
穿口
=
○

❶
侧面

侧面

4 线绊
穿口

8 线绊
穿口

❸
脚跟

8 线绊
穿口

脚跟

组合方法

正面

❺

❶ ❷

❸

反面

❹

❷ ❶

❸

49

阿伦花样风格袜子

作品 _A,B/p.24,25 重点教程 _p.7

❈ 准备物品
[线（通用）] HAMANAKA APRICO
A 红色（6）…76g
B 蓝色（13）…76g

[针（通用）] 钩针 3/0 号
[密度（通用）]
长针 10cm 见方 /28 针 •10 行
花纹针 A•B/28 针 •13 行
❈ 成品尺寸（通用）
脚踝周长 20cm，穿口长 17.5cm，
脚底长 23cm

❈ 织法（通用）
1 织脚趾：锁 12 针起针，两侧加针，织 4 行长针。
2 织脚背和脚底：脚趾开始脚背侧、脚底侧均针 28 针，脚背侧织 20 行花纹针 A，脚底侧织 20 行花纹针 B。
3 制作脚跟：侧边线接线锁 28 针起针，指定位置引拔。
4 织脚踝周长：脚背侧从脚背和脚底的第 20 行挑 28 针，织 15 行花纹针；脚底从脚跟口的锁针挑 28 针，织 15 行花纹针 B。
5 织边缘针：织 3 行边缘针。
6 织脚跟：从脚底的第 20 行挑 28 针，从脚跟的锁针挑 28 针，整体挑 56 针，两侧减针织 4 行。
7 订缝脚跟：全针圈卷针拼接，各订缝 1 针（参照 p.4）。

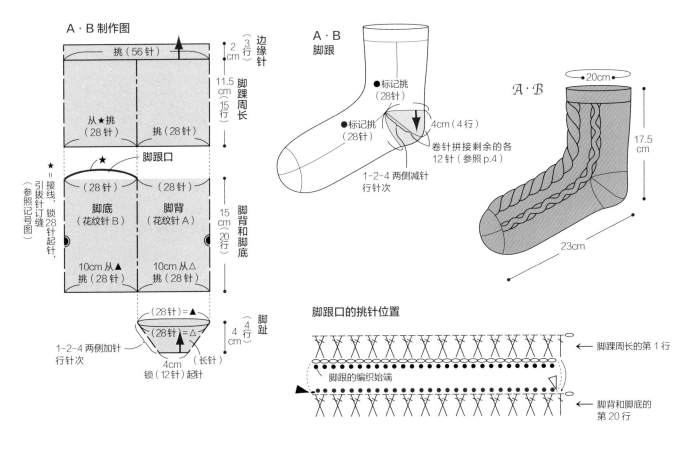

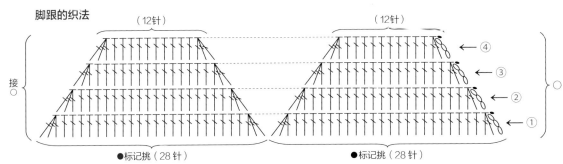

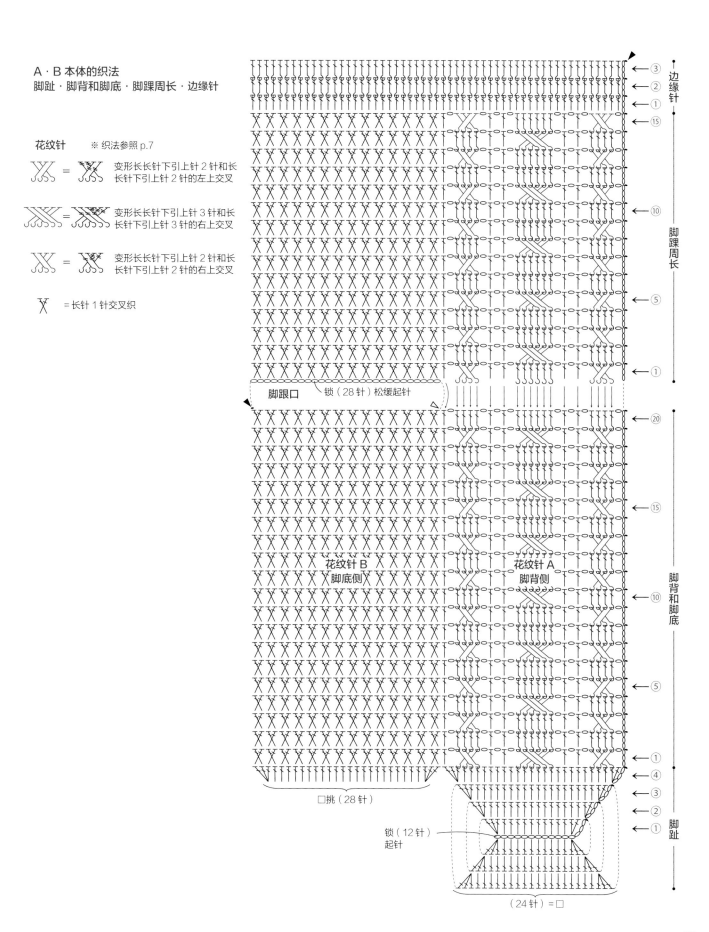

A·B 本体的织法
脚趾·脚背和脚底·脚踝周长·边缘针

花纹针　　※ 织法参照 p.7

变形长长针下引上针 2 针和长长针下引上针 2 针的左上交叉

变形长长针下引上针 3 针和长长针下引上针 3 针的右上交叉

变形长长针下引上针 2 针和长长针下引上针 2 针的右上交叉

= 长针 1 针交叉织

边缘针

脚踝周长

脚背和脚底

脚趾

脚跟口　锁（28 针）松缓起针

花纹针 B
脚底侧

花纹针 A
脚背侧

□挑（28 针）

锁（12 针）起针

（24 针）=□

绑带式袜套

作品 _A/p.26 B/p.27

❖ **准备物品**

[线（通用）] HAMANAKA FLAX C
A 白色（1）…32g
B 蓝灰色（6）…32g

[针（通用）] 钩针 3/0 号

[密度（通用）]
长针 10cm 见方 /22 针·11.5 行

❖ **成品尺寸（通用）**
脚跟长 5.5cm，脚底长 20cm

❖ **织法（通用）**

1 织脚底：锁 20 针起针，第 1~4 行的脚跟侧、脚趾侧加针织长针，5~6 行无加减针织长针，织成环状。

2 织侧面：从脚底的第 6 行挑 84 针，第 7~9 行无加减针，织成环状。第 10 行在脚趾侧减 3 针织。

3 织绳带，穿入边缘针：线环的起针侧锁 3 针立起，织入 9 针长针，织一侧贴花，接编织末端织 150 针锁针。编织末端的锁针侧锁 3 针立起，织入 9 针长针，织相反侧的贴花。绳带穿入边缘针第 3 行的锁 3 针的线绊，完成。

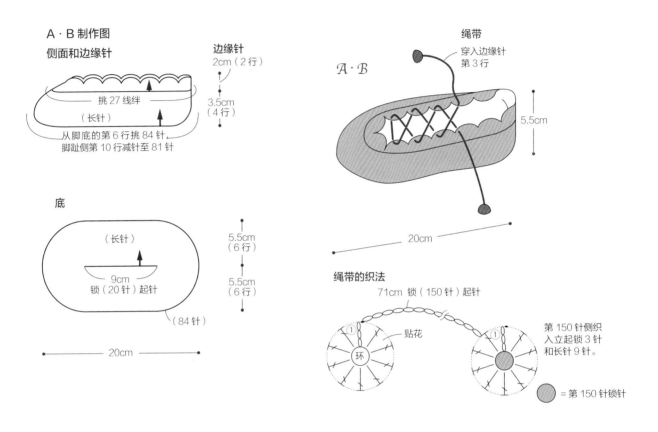

A·B 制作图

侧面和边缘针

挑 27 线绊
（长针）
从脚底的第 6 行挑 84 针
脚趾侧第 10 行减针至 81 针

边缘针
2cm（2 行）
3.5cm（4 行）

底

（长针）
9cm
锁（20 针）起针
（84 针）
20cm
5.5cm（6 行）
5.5cm（6 行）

绳带

穿入边缘针第 3 行
5.5cm
20cm

绳带的织法

71cm 锁（150 针）起针
贴花
环
①
①
第 150 针侧织入立起锁 3 针和长针 9 针。
= 第 150 针锁针

穗饰袜子 C，D
穗饰的制作方法

作品 & 教程 _p.30&56

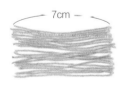

7cm

1　准备 20 根剪成长度 7cm 的线。

2　线束中心打结。

3　用打结的线距离接头下方 1cm 位置绕线 4~5 次（a），入针于线头，穿入绕线的位置（b）。

a
b

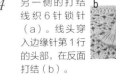

4　另一侧的打结线织 6 针锁针（a）。线头穿入边缘针第 1 行的头部，在反面打结（b）。

a
b

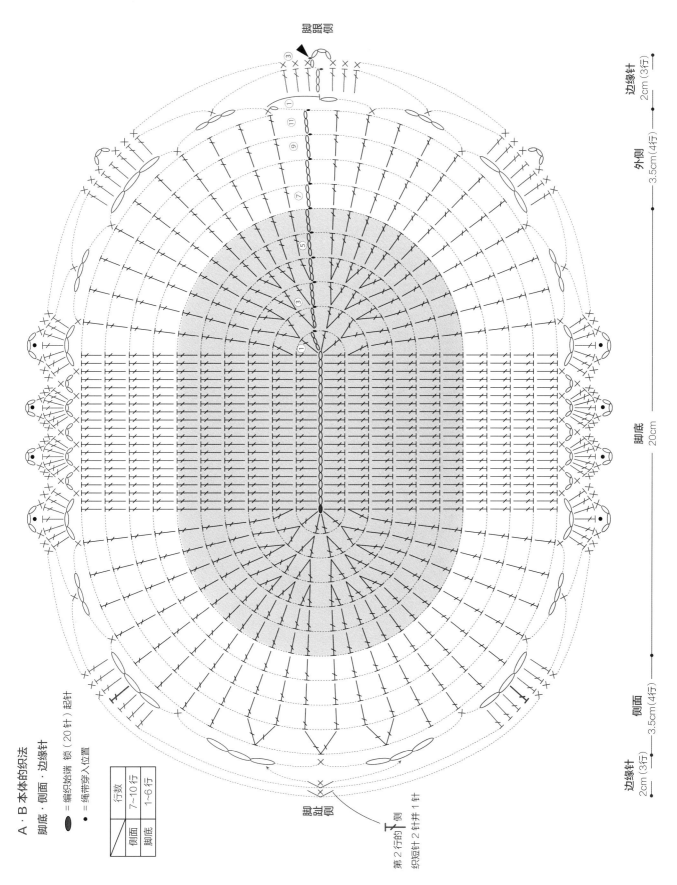

脚跟侧

脚趾侧

脚底
20cm

边缘针
2cm（3行）

外侧
3.5cm（4行）

边缘针
2cm（3行）

侧面
3.5cm（4行）

A · B 本体的织法
脚底 · 侧面 · 边缘针

◯ = 编织始端 锁（20针）起针
● = 绳带穿入位置

	行数
侧面	7~10行
脚底	1~6行

第 2 行的 ⟨ 侧
织短针 2 针并 1 针

中筒袜子

作品 _A/p.28,29 B/p.29

❊ 准备物品

[线（通用）] HAMANAKA FLAX K
A 奶黄色（209）…155g
B 紫色（15）…15g

[针（通用）] 钩针 4/0 号
[密度（通用）]
长针·花纹针 A 10cm 见方 /24
针·10 行，花纹针 B/8 线袢·11 行，
边缘针 /23.5 针·10 行

❊ 成品尺寸（通用）

脚踝周长 28cm，穿口长 40cm，
脚底长 24cm

❊ 织法（通用）

1 织脚趾：锁 14 针起针，两侧加针，织 5 行长针。
2 织脚背和脚底：织 15 行花纹针 A。
3 制作脚跟口脚背和脚底的第 15 行开始，不断线锁 24 针起针，指定位置引拔。
4 织脚踝周长：脚跟口的锁针和脚背的第 15 行开始挑针 4 花纹，织 15 行花纹针，接着从花纹针 A 的第 15 行开始挑 6 花纹，织 19 行花纹针。
5 织边缘针：挑针 66 针，织 4 行。
6 织脚跟，订缝编织末端：从脚跟口的锁 24 针和脚底的 24 针开始挑针，减针织 4 行长针。
7 订缝脚跟：全针圈卷针拼接，各订缝 1 针（参照 p.4）。

A·B 制作图

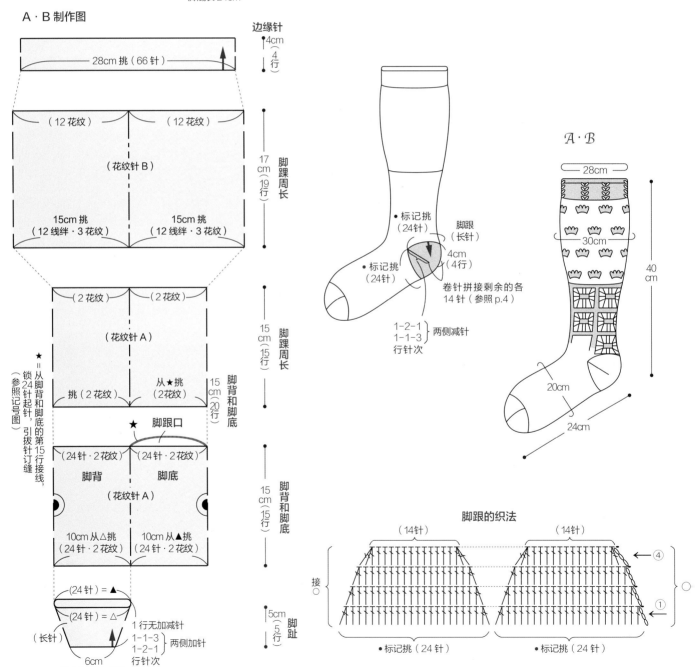

脚跟的织法

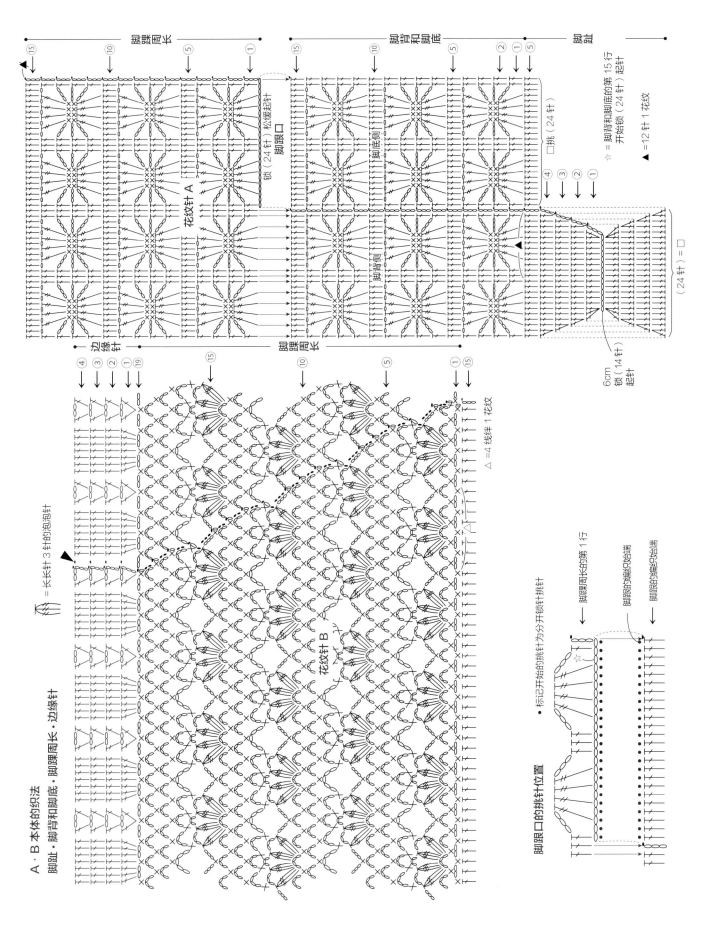

脚踝周长

脚背和脚底

脚趾

花纹针 A

☆ = 脚背和脚底的第 15 行（24 针）起针
= 脚背和脚底的第 15 行（24 针）起针
▲ = 12 针 1 花纹

脚跟口
锁（24 针）松爱起针
□挑
脚背侧
脚底侧

6cm
锁（14 针）起针

（24 针）
□ =（24 针）

脚踝周长
边缘针

花纹针 B

△ = 4 线绊 1 花纹

= 长长针 3 针的泡泡针
= 长长针 3 针的泡泡针

A・B 本体的织法
脚趾・脚背和脚底・脚踝周长・边缘针

脚跟口的挑针位置

标记开始的挑针为分开锁针挑针

脚踝周长的第 1 行
脚跟贴的编织终点这端
脚跟贴的编织起点这端

边饰·穗饰袜子

作品 _A,C/p.30　B,D/p.30,31
重点教程 A,B/p.40　C,D/p.52

❖ **准备物品**

[线（通用）] DARUMA 花边线 #20

A 卡其色（11）…70g

B 褐色（13）…50g，粉色（6）…20g

C 蓝色（8）…65g，本色（2）…3g

D 黄色（12）…50g，水蓝色（7）…18g

[针（通用）] 钩针 3/0 号

[密度（通用）]

长针 10cm 见方 /29.5 针·15 行

花纹针 /29.5 针·14.5 行

❖ **成品尺寸（通用）**

脚踝周长 19cm，穿口长 16cm，脚底长 22.5cm

❖ **织法（通用）**

1　织脚趾：锁 18 针起针，两侧加针，织 5 行长针。

2　织脚背和脚底：脚趾开始挑针 7 花纹，织 22 行花纹针。

3　制作脚跟口：脚底侧的指定位置接线，锁 29 针起针，引拔。

4　织脚跟周长：脚跟口的锁针和脚背和脚底的第 22 行开始挑针 22 花纹，织 16 行花纹针。

5　织边缘针：织 1 行长针，织 1 行短针的扭针。

6　织脚跟，订缝编织末端：从脚跟口挑针 52 针，织 6 行长针，侧边减针织。

7　订缝脚跟：编织末端的各 16 针全针圈卷针拼接，各订缝 1 针（参照p.4）。

8　接合边饰、穗饰：A·B 参照 p.40，边饰缝于边缘针第 1 行的长针内侧半针（一）。C·D 参照 p.52，制作穗饰，线头穿入边缘针第 1 行的头部，订缝接合。

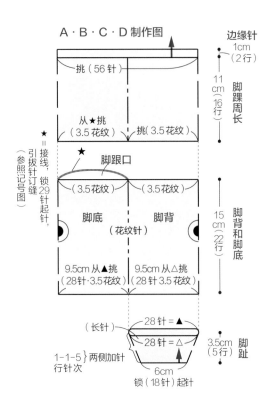

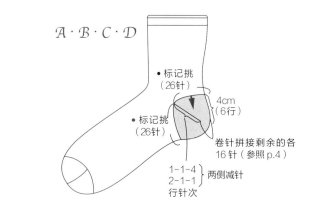

B·C·D 的配色

	脚趾·脚跟	脚背和脚底·脚踝周长
B	粉色	褐色
C	蓝色	蓝色
D	水蓝色	黄色

	边缘针	边饰	穗饰
B	1 行 = 褐色，2 行 = 粉色	粉色	
C	1 行 = 蓝色，2 行 = 本色		本色
D	1·2 行 = 黄色		水蓝色

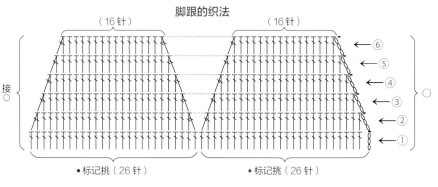

A・B・C・D 本体的织法

脚趾・脚背和脚底・脚踝周长・边缘针　　✕ = 接合边饰的半针

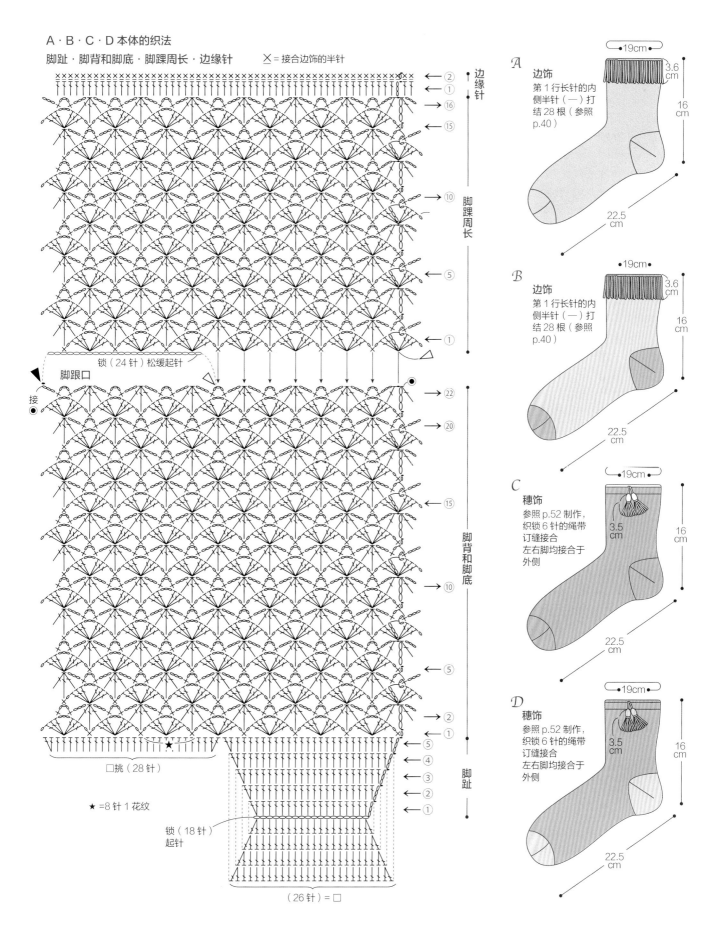

边缘针

← ②
← ①
→ ⑯
← ⑮

脚踝周长

→ ⑩
← ⑤
← ①

锁（24针）松缓起针

▲
接
◉

脚跟口

◉

→ ㉒
→ ⑳
← ⑮
→ ⑩
← ⑤
← ②
← ①

脚背和脚底

← ⑤
← ④
← ③
← ②
← ①

脚趾

□挑（28针）

★ =8针 1 花纹

锁（18针）
起针

（26针）= □

A 边饰
第 1 行长针的内侧半针（一）打结 28 根（参照 p.40）

•19cm•
3.6 cm
16 cm
22.5 cm

B 边饰
第 1 行长针的内侧半针（一）打结 28 根（参照 p.40）

•19cm•
3.6 cm
16 cm
22.5 cm

C 穗饰
参照 p.52 制作，织锁 6 针的绳带订缝接合
左右脚均接合于外侧

•19cm•
3.5 cm
16 cm
22.5 cm

D 穗饰
参照 p.52 制作，织锁 6 针的绳带订缝接合
左右脚均接合于外侧

•19cm•
3.5 cm
16 cm
22.5 cm

接 p.42
（方孔针的袜子 B）

本体的织法
脚趾・脚背和脚底・脚踝周长・边缘针

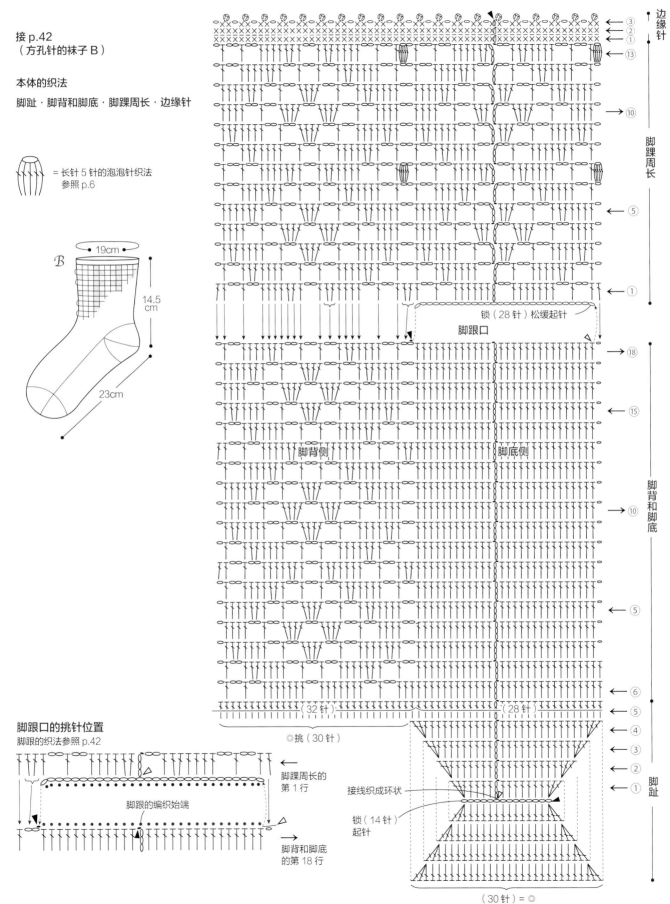

= 长针 5 针的泡泡针织法
参照 p.6

B
19cm
14.5 cm
23cm

锁（28 针）松缓起针
脚跟口

脚背侧
脚底侧

锁（28 针）松缓起针

◎挑（30 针）
（32 针）
（28 针）

接线织成环状
锁（14 针）起针
（30 针）= ◎

右侧标记（从上到下）：
边缘针
③②①
⑬
脚踝周长
⑩
⑤
①
⑱
⑮
脚背和脚底
⑩
⑤
⑥
⑤
④③②①
脚趾

脚跟口的挑针位置
脚跟的织法参照 p.42

脚踝周长的第 1 行
脚跟的编织始端
脚背和脚底的第 18 行

58

接 p.44,45（爱尔兰风格袜子 A · B · C）

花

叶　织法参照 p.6

果实

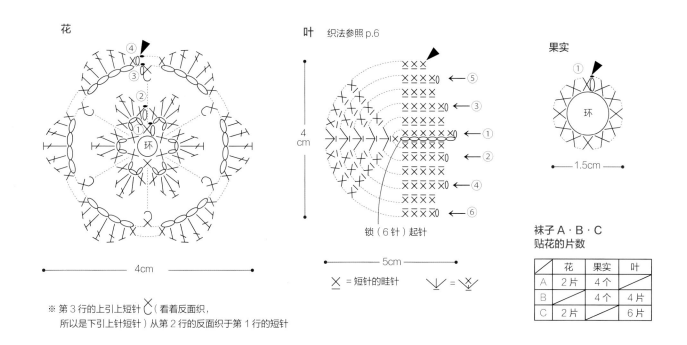

4cm

5cm

锁（6 针）起针

✕ = 短针的畦针　　⌄ = ⌄

※ 第 3 行的上引上短针 ⌡（看着反面织，
　所以是下引上针短针）从第 2 行的反面织于第 1 行的短针

1.5cm

袜子 A · B · C
贴花的片数

	花	果实	叶
A	2 片	4 个	
B		4 个	4 片
C	2 片		6 片

接 p.46,47（装饰物袜子 B · C）

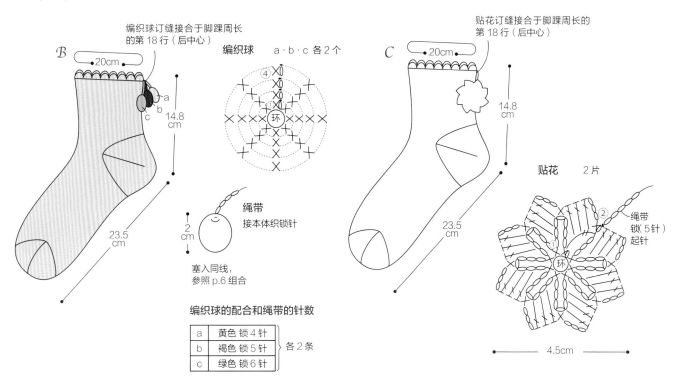

编织球订缝接合于脚踝周长
的第 18 行（后中心）

编织球　　a · b · c 各 2 个

贴花订缝接合于脚踝周长的
第 18 行（后中心）

B　20cm　14.8 cm　23.5 cm

C　20cm　14.8 cm　23.5 cm

贴花　　2 片

绳带
接本体织锁针

2 cm

塞入同线，
参照 p.6 组合

绳带
锁（5 针）
起针

编织球的配合和绳带的针数

a	黄色 锁 4 针	
b	褐色 锁 5 针	各 2 条
c	绿色 锁 6 针	

4.5cm

59

记号图的识别方法

根据日本工业标准（JIS）规定，记号图均为显示实物正面状态。
钩针编织没有下针及上针的区别（引上针除外），即使下针及上针交替看着编织的平针，记号图的表示也相同。

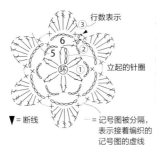

行数表示
立起的针圈
▼＝断线
＝记号图被分隔，表示接着编织的记号图的虚线

从中心编织成圆形

中心制作线环（或锁针），每一行都按圆形编织。各行的起始处接立起编织。基本上，看向织片的正面，按记号图从右至左编织。

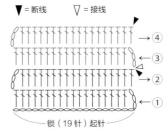

▼＝断线　▽＝接线

平针

左右立起为特征，右侧带立起时看向织片正面，按记号图从右至左编织。左侧带立起时看向织片背面，按记号图从左至右编织。图为第3行替换成配色线的记号图。

锁（19针）起针

线和针的拿持方法

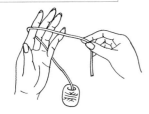

1 将线从左手的小拇指和无名指之间引出至内侧，挂于食指，线头出于内侧。

2 用大拇指和中指拿住线头，立起食指撑起线。

3 针用大拇指和食指拿起，中指轻轻贴着针尖。

初始针圈的制作方法

1 如箭头所示，针从线的外侧进入，并转动针尖。

2 再次挂线于针尖。

3 穿入线环内，线引出至内侧。

4 拉住线头、拉收针圈，初始针圈完成（此针圈不计入针数）。

起针

从中心编织成圆形
（线头制作线环）

1 左手的食指侧绕线2圈制作线环。

2 抽出手指，钩针送入线环后挂线，并引出至内侧。

3 再次挂线于针尖引线，编织2针立起的锁针。

4 第1行将钩针送入线环中，编织所需针数的短针。

5 先松开针，拉住起始线环的线及线头，拉收线环。

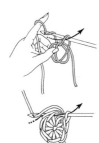

6 第1行的末端，钩针送入初始短针的头部后引拔。

从中心编织成圆形
（锁针制作线环）

1 编织所需针数的锁针，入针于初始锁针的半针后引拔。

2 挂线于针尖后引出线，编织立起的锁针。

3 第1行送入锁针于线环中，挑起锁针束紧，编织所需针数的短针。

4 第1行的末端，钩针送入初始短针的头部，挂线引拔。

平针

1 编织所需针数的锁针及立起的锁针，入针于端部第2针锁针，挂线引拔。

2 挂线于针尖，如箭头所示引拔。

3 第1行编织完成（立起的锁1针不计入针数）。

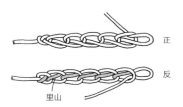

锁针分为正面及反面。反面的中央1根突出侧为锁针的"里山"。

上一行针圈的挑起方法 ————————————

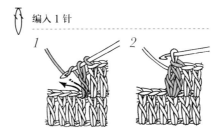

↑ 编入1针

1　　　2

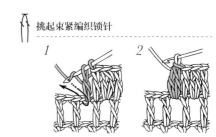

↑ 挑起束紧编织锁针

1　　　2

即使是相同的泡泡针,针圈的挑起方法也会因记号图而改变。记号图下方闭合时编入上一行的1针,记号图下方打开时挑起束紧编织上一行的锁针。

针法记号 ————————————

⬭ 锁针

1　　　2　　　3　　　4

制作初始针圈,挂线于针尖。

引出挂上的线,锁针完成。

同样方法,重复步骤1及2进行编织。

锁针5针完成。

● 引拔针

  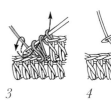

1　　　2　　　3　　　4

入针于上一行针圈。

挂线于针尖。

线一并引拔。

引拔针1针完成。

✕ 短针

1　　　2　　　3　　　4

挂线于针尖,入针于上一行针圈,再次挂线引出至内侧。

如记号所示,挂线于针尖引拔2线绊(引出的状态称之为"未完成的长针")

再次挂线于针尖,如箭头所示引拔余下的2线绊。

长针1针完成。

┬ 中长针

 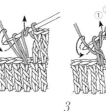 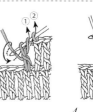 

1　　　2　　　3　　　4

挂线于针尖,入针于上一行针圈后挑起。

再次挂线于针尖,引出至内侧。(引出的状态称之为"未完成的中长针")。

挂线于针尖,3线绊一并引拔。

中长针1针完成。

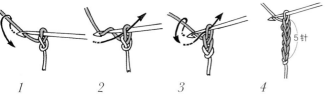

┼ 长针

1　　　2　　　3　　　4

挂线于针尖,入针于上一行针圈,再次挂线引出至内侧。

如记号所示,挂线于针尖引拔2线绊,(引出的状态称之为"未完成的长针")

再次挂线于针尖,如箭头所示引拔余下的2线绊。

长针1针完成。

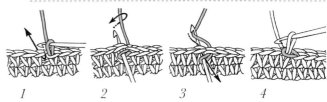

╪ 长长针

1　　　2　　　3　　　4

挂线于针尖2次,入针于上一行,再挂线后引出线绊至内侧。

如箭头所示挂线于针尖,引拔2线绊。

同步骤2重复2次(第1次结束时的状态称之为"未完成的长长针")。

长长针1针完成。

编入2针短针

1	*2*	*3*	*4*
织1针短针。	入针于同一针圈，引出线绊，织短针。	已织入2针短针，同一针圈侧再织1针短针。	上一行的1针编入3针短针。比上一行增加了2针。

编入3针短针

短针2针并1针

1	*2*	*3*	*4*
如箭头所示，入针于上一针1针，引出线绊。	下个针圈同样方法，并引出线绊。	挂线于针尖，3线绊一并引出。	短针2针并1针完成。比上一行减少1针。

编入2针长针

※非2针或非长针时，按照相同要领在上一行的1针侧编入指定针数的指定记号。

1	*2*	*3*	*4*
织1针长针。挂线于针尖，入针于相同针圈，挂线引出。	挂线于针尖，引拔2线绊。	再次挂线于针尖，引拔余下的2线绊。	1针编入2针长针。比上一行增加1针。

长针2针并1针

  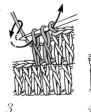 

1	*2*	*3*	*4*
上一行的1针侧织1针未完成的长针（参照p.61），如箭头所示入针于下个针圈，挂线引出。	挂线于针尖，引拔2线绊，织第2针的未完成长针。	挂线于针尖，如箭头所示3线绊一并引拔。	长针2针并1针完成。比上一行减少1针。

长针3针的泡泡针

※非3或非长针的泡泡针也照相同要领在上一行的1针侧编入指定针数的指定记号，挂于针头的线绊一并引拔。

1	*2*	*3*	*4*
织1针未完成的长针于上一行针圈。	入针于相同针圈，继续织2针未完成的长针。	挂线于针尖，将挂于针的4线绊一并引拔。	长针3针的泡泡针完成。

中长针3针的变形泡泡针

1	*2*	*3*	*4*
织3针未完成的中长针（参照p.61）于上一行针圈。	挂线于针尖，如箭头所示引拔6线绊。	再次挂线于针尖，余下的针圈一并引拔。	中长针3针的变形泡泡针完成。

长针5针的泡泡针

1	*2*	*3*	*4*
长针5针编入上一行相同针圈，先松开针、如箭头所示重新送入。	如箭头所示，针尖的针圈引拔至内侧。	再次织1针锁针，并拉收。	长针5针的泡泡针完成。

短针的筋编

※短针以外记号的筋编按相同要领，挑上一行外侧半针，织指定的记号。

1	*2*	*3*	*4*
看着每行正面编织。整周编织短针，引拔于初始的针圈。	织立起的锁1针，挑起上一行外侧半针，织短针。	同样按照步骤2要领重复，继续织短针。	上一行的内侧半针为扭转状态。织完成短针的扭针第3行。

长针的下引上针

   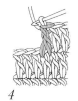

1   *2*   *3*   *4*

挂线于针尖，如箭头所示，从正面入针于上一行长针的底部。 挂线于针尖，延长引出线。 再次挂线于针尖，引拔2个线绊。再重复1次相同动作。 长针的下引上针完成1针。

 长针的上引上针

1   *2*   *3*   *4*

挂线于针尖，如箭头所示，从反面入针于上一行长针的底部。 挂线于针尖，延长引出线。 再次挂线于针尖，引拔2个线绊。再重复1次相同动作。 长针的上引上针完成1针。

 短针的下引上针

 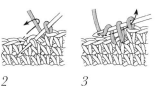

1   *2*   *3*   *4*

如箭头所示，入针于上一行长针的底部。 挂线于针尖，延长引出线。 再次挂线于针尖，引拔2个线绊。 短针的下引上针完成1针。

 短针的上引上针

1   *2*   *3*   *4*

如箭头所示，入针于上一行长针的底部。 挂线于针尖，如箭头所示，比短针稍长引出线于织片的外侧。 比短针稍长引出线，再次挂线于针头，2线绊一并引拔。 短针的上引上针完成1针。

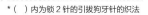 锁3针的引拔狗牙针   锁2针的引拔狗牙针

* （ ）内为锁2针的引拔狗牙针的织法

1   *2*   *3*   *4*

织锁3针（2针）。 入针于短针的头半针及底1根。 挂线于针尖，如箭头所示一并引拔。 锁3针（2针）的引拔狗牙针完成。

其他基础索引

本书以用蕾丝线钩编的袜子为主题,将深受编织爱好者欢迎的款式编集成册,结合简单的针法和花样,由多位日本编织名师精心设计,采用不同的材质和配色,展示出可爱和时尚感,对于编织爱好者来说,本书会带来耳目一新的感觉。每款袜子都有详细的图解,编织图解清晰详尽,对照编织符号就可以轻松编织出来。适合爱好手工编织的读者参考、收藏。

图书在版编目(CIP)数据

3天完成的蕾丝钩编袜 / [日] E&G创意编著;史海媛,韩慧英译. —北京:化学工业出版社,2017.4
ISBN 978-7-122-29115-8

Ⅰ. ①3… Ⅱ. ①E… ②史… ③韩… Ⅲ. ①袜子-钩针-编织-图集 Ⅳ. ①TS941.763.8-64

中国版本图书馆CIP数据核字(2017)第031813号

北京市版权局著作权合同登记号:01-2017-2769

责任编辑:高 雅　　　　　　　　　　　　　　　装帧设计:王秋萍
责任校对:边 涛

出版发行:化学工业出版社(北京市东城区青年湖南街 13 号 邮政编码 100011)
印　装:北京画中画印刷有限公司
880mm×1092mm　1/16　印张 4　字数 280 千字　2017 年 7 月北京第 1 版第 1 次印刷

购书咨询:010-64518888(传真:010-64519686)　　售后服务:010-64518899
网　址:http://www.cip.com.cn
凡购买本书,如有缺损质量问题,本社销售中心负责调换。

定　价:39.80 元　　　　　　　　　　　　　　　版权所有　违者必究